中国科普名家名作

趣味数学故事

美绘版

克隆孙悟空

谈祥柏 著 / 许晨旭 绘

中国少年儿童新闻出版总社
中国少年儿童出版社
北 京

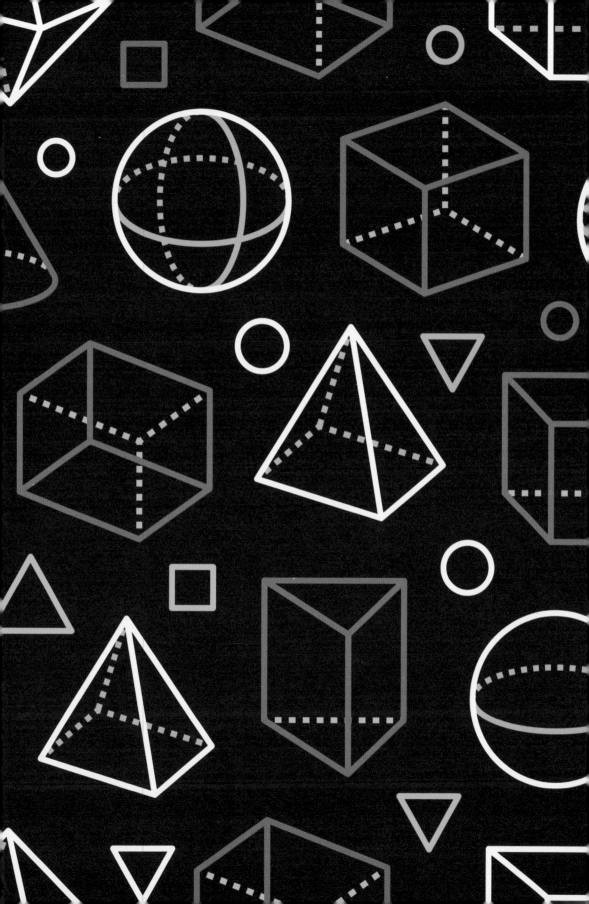

MU LU

目录

BAN JIA

搬家

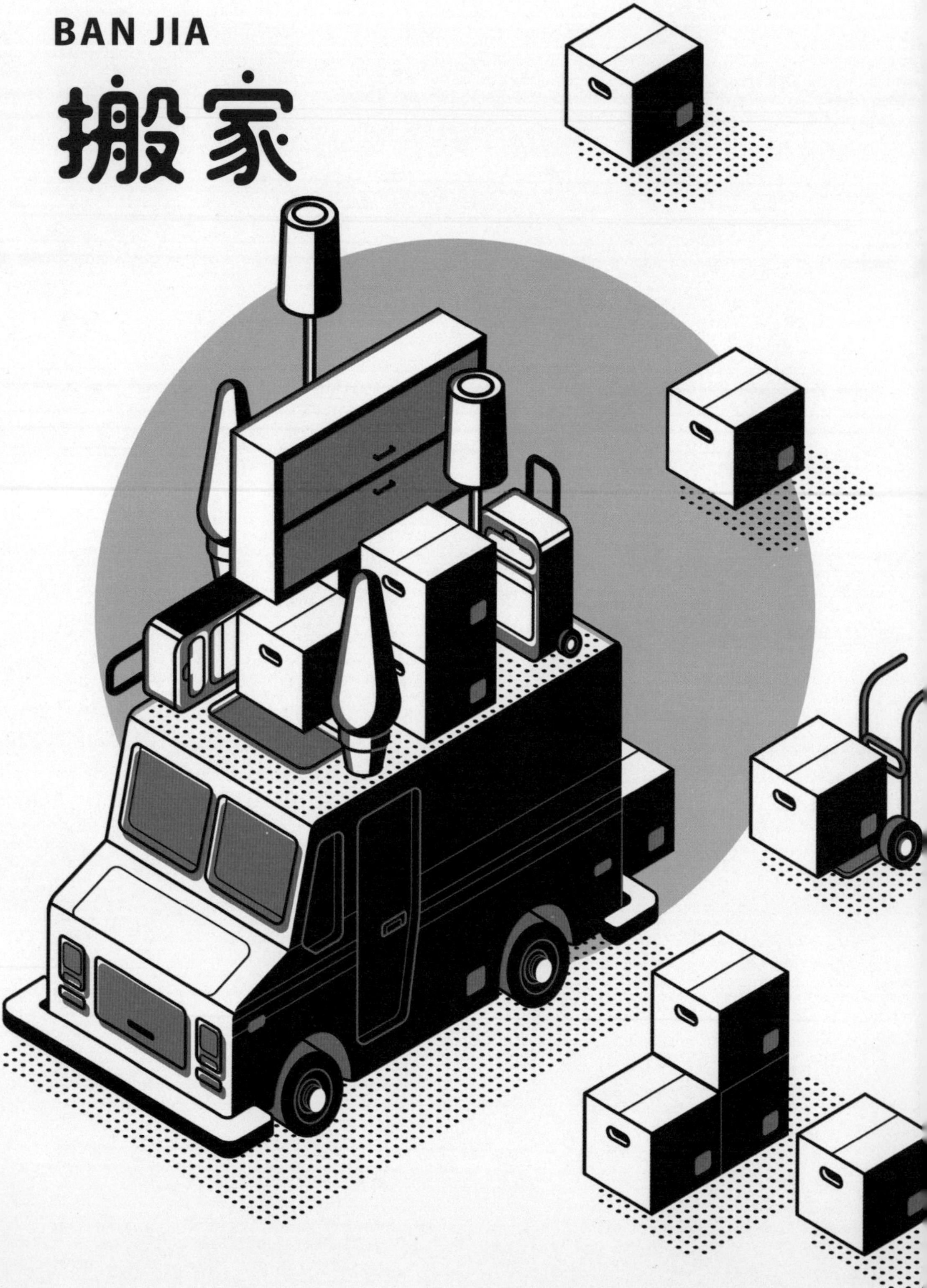

城市里的噪音实在是一种公害。每年高考期间，很多城市都规定，市内所有建筑工地停工数日，尤其严禁夜间施工。

但是，古代没有什么噪音的限制，因此，生活在噪音环境里的人，只好学孟夫子的老娘，迁地为安，或者千方百计，动员别人搬家。

话说前清时代，有一户人家正好夹在铜、铁铺子的当中。不论白天黑夜，耳朵里听到的都是沉重的锻击、打铁声音，撕心裂肺，实在吃不消。一年下来，家里人人日见消瘦。此人实在无法可想，只好央求两户人家迁居他处。

两家老板答应了，决定近期择吉日迁居。此人一听，好不高兴，于是办了一桌丰盛的酒席，招待两家老板，还备了两份厚礼。席间，高朋满座，谈笑风生。最后酒足饭饱，尽欢而散。

这户人家十分欢喜，总算办成了一桩大事。于是，全家南游，前往"人间天堂"苏、杭探亲访友去了。

谁知回到家里，吵闹之声依然如故。此人大怒，便去责问两家老板为什么说话不算数。

铜匠铺和打铁店老板齐声答："谁说没搬？我们不是搬了家吗？原来在你家左边的迁到右边，原来在你家右边的迁往左边。恰好两家店铺的店面大小、设备几乎一模一样，真是各得其所，皆大欢喜。肉包子打狗，怎么不吃？"

此人一听，顿时傻了眼，啼笑皆非，无计可施。这个左右对调，等于原封不动。

还有一个不可取的左右搬家的例子：秋天的秋字，是由两部分组成，左边是"禾"，右边是"火"。但是，在苏、杭

等地一些风景区，园林的对联和匾额里，至今仍能看到"秋"的异体字"秌"。左右两个部件一旦搬了家，绝大多数游客（甚至包括导游在内）也就傻了眼，不识这个字了。

数学里头也有这类现象。6666，5775 等数称为"**回文数**"，它们的特点是左、右互相对称，自然，左右互换，数仍不变。从一个回文数出发，加上它的反序数

（数码顺序前后颠倒过来），往往仍能得出回文数。

例如**1111**变成**2222**，再变而成**4444**，三变而成

8888（见竖式）。不过，再继续下去，由于进位的原

因，就不灵了。

$$
\begin{array}{r} 1111 \\ +1111 \\ \hline 2222 \end{array} \qquad \begin{array}{r} 2222 \\ +2222 \\ \hline 4444 \end{array} \qquad \begin{array}{r} 4444 \\ +4444 \\ \hline 8888 \end{array}
$$

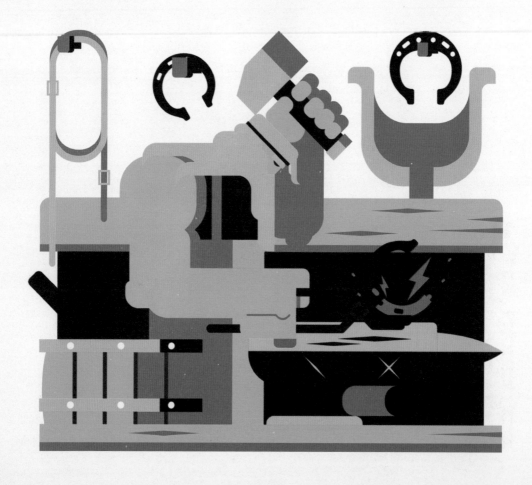

原先不是回文的数，经过反复处理，也有可能变成回文数。我们不妨拿 1644 来试一下：

```
    1644          6105         11121
 + 4461        + 5016       +12111
 ───────       ───────      ───────
   6105         11121         23232
```

23232 是一个回文数。■

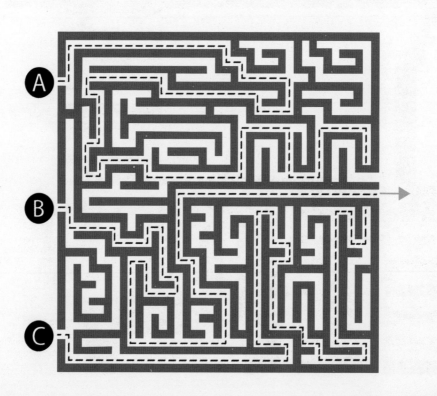

左右对称的图形

DAI GAO MAO

戴高帽

　　"文化大革命"期间，某地有位曲艺大师被"革命小将""揪"出来了，大会批，小会斗，天天"忙"得不亦乐乎。那时候非常讲究红和黑，左和右，恨不得把马路上的红绿灯也改一改。别人把袖章戴在左臂，这位大师却被强制规定只能戴在右臂。

　　有一天，又要把他押到台上去批斗了。"革命小将"要给他戴上高帽，他连忙说："我有，我有，不敢劳烦小将亲自动手，我已准备好了。"一边说，一边从怀中取出一顶自备纸帽，大约半尺高，自己戴在头上。

　　一个"革命小将"吼道："不行！你是个很大的反动学术权威，应该戴上最高的高帽子！"曲艺家不慌不忙，点头哈腰，说道："别急，别急，你们请看。"说着他自己用手一拉，只听"唰"的一声，那顶纸帽子居然被拉成1米多高，上面写着"反动曲艺权威××ד9个字，字迹一个比一个小，好像金字塔一样。

　　老先生毕恭毕敬地解释："在天兵天将面前，我

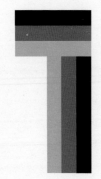真是渺小得可怜，所以我的名字要写得最小最小，还要写得东倒西歪，表明我已被'革命小将'们斗倒在地，永世不得翻身。"

刚说到这里，就引得台下哄堂大笑。有人甚至笑痛了肚皮，直不起腰来。会议主持人一看，情况不妙，连忙铁青着脸，杀气腾腾地大声呵斥："老混蛋！这么严肃的批判大会，看被你搅成了什么样子？还不快滚，快滚！"于是，批判大会只好草草收场。

给人戴高帽子，可说是中国一大"发明"，究竟起源于何朝何代，已经很难查考。它好比中药里头的甘草，小菜里头的调料，味道浓得很。实际上，外国也有这种玩意儿，甚至其作用也差不多，简直可说"异曲同工"。

右图是美国趣

味数学大师山姆·洛伊德所作的漫画。

3个淘气鬼,顽皮捣蛋,功课极差,于是被老师和同学"揪"出来示众。他们被戴上了高帽子,帽子上的那个英文单词"Fool",就是"笨蛋"或"傻瓜"的意思。他们每人身上有一个数,分别是1,3,6这3个数。

老师要他们排队,使身上的数凑成一个正好能被7整除的3位数,才肯放他们下台。怎么办呢?小家伙们琢磨了半天,调来调去,形成的6个数字316,361,136,163,613,631,统统都不能被7除尽。这不是存心刁难人吗?

后来总算有个好心人看不过去,叫那个6号小淘气站到左边去,头朝下、脚朝上。这样一来,6就变成了9,3位数931正好能被7除尽。头下脚上,好像是在表演杂技——当然这个姿势极不好受。■

MAI MEI LU

买煤炉

  "文化大革命"期间是一个笑话满天飞的时期。有人曾出过一本《"文革"大笑话选》，其中的笑话构思之奇妙，言语之幽默，是古人连做梦也想不出来的。

  "清理阶级队伍"时期，有位"不识时务"的老师还在认真地上数学课，他对大家说："同学们，这节课给大家讲讲**假分数**……"

  有一个姓左的"革命小将"一听，这还了得，"臭老九"又在放毒了！当即"噌"的一下站起来："最

高指示——'假的就是假的，伪装应当剥去……'革命的同学们，在无产阶级

的数学领域里，决不允许虚假的东西存在！我们要**真分数**，不要假分数！"于是大家一哄而上，揪斗了老师。在他们心目中，分子必须永远小于分母，绝对不能比分母大；至于**带分数**，那是"和稀泥"，宣扬阶级调和，当然也不允许存在。

姓左的"革命小将"被市革委会头头儿看中，提拔他当了教卫组的负责人。一天，他带着秘书来到一所学校作报告。

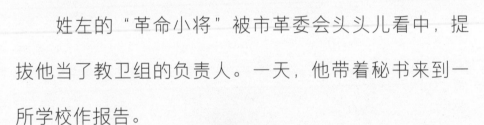

"同学们，你们如果像张铁生那样交白卷、反潮流，我也可以让你们出国，比如，到……到……亚非拉国家黑西哥去。"

台下哄堂大笑，急得秘书赶紧凑到他耳边说："墨西哥！读墨！"左某人先是一窘，然后又强作镇定地对

学生说："笑什么，墨不是黑的吗？墨西哥叫黑西哥不也可

以吗？你们要是不听我的话，我就把你们送到墨龙江插队落户去！"下面又是一阵哄堂大笑。

"文化大革命"结束，左某被撤销一切职务，当老百姓去了。他在上班时间，经常擅自离岗，东游西逛。在一家出售煤球炉的商店门口，售货员正在热情地向顾客推销："这是一种新式煤球炉，它最大的特点是省煤，能节省$\frac{1}{3}$。"

"谢谢介绍。我要买 3 只煤炉。"左某直截了当地提出要求。

"你家里有几口人？买 3 只煤炉不嫌多吗？"

"1 只煤炉能节省$\frac{1}{3}$的煤，我买 3 只煤炉不是一点儿煤也不要用了吗？这不，$1-\frac{1}{3}-\frac{1}{3}-\frac{1}{3}=0$！伙计，'文化大革命'时期你在哪里插队？我看，你的分数没有学好，要不要让我来教教你？"

说完，他扬扬得意起来，昔日教卫组负责人的威风，又摆出来了。

　　按照规定，此种煤炉必须凭票购买，每张票限购 1 只，买 3 只煤炉需要 3 张票。姓左的说什么也不肯付 3 张票，只肯拿出 2 张。他说，你这种煤球炉可以节省 $\frac{1}{3}$ 的煤，那么，按正比例，票子也应该节省 $\frac{1}{3}$，所以给你 2 张票是公平交易。

　　真是歪理十八条！姓左的如此应用分数与比例概念，实在是让人哭笑不得。■

WO BU JIAN LE

我不见了

古人相信，人死了以后都要上地狱报到，阎王根据他生前的所作所为奖罚他。经过一道道"程序"之后，最后来到第十殿"转轮"，以便重新投胎。

有个人一贯做好事，他死后阎王问他想投生什么。此人提出的要求是："父是尚书子状元，绕家千顷好良田。鱼池奇花样  样有，娇妻美妾个个贤。金银米谷都充栋，盈箱绸缎与绫罗。身居一品王公位，安享荣华寿百岁。"阎王一听，不禁伸出舌头："真有这等好差使，待我自己去，情愿将阎王让你做!"

这个笑话妙在最后一句，据说是清朝文学家、笑话大师石成金的杰作。

石成金还有一则笑话杰作，流传极广。有一个傻里傻气的公差奉命押送一个犯了大罪的和尚，任务非常艰巨。他怕自己记性不好，丢三落四，于是编了一句口

诀：“包裹、雨伞、锁、文书、和尚、我。”一共是6样东西，沿途像念经一样，翻来覆去地背诵。和尚知道他是个呆子，便设法用酒把他灌醉，剃掉他的头发，把枷锁套在他的脖子上，然后自己逃走了。

差人酒醒以后，睁开眼睛，总觉得有点儿不对头，便自言自语道：“让我查查看。包裹，有；雨伞，有。”他又摸摸脖子上的枷锁说：“枷锁，有；文书呢，也有。”他忽然惊呼道：“啊呀，不好了，和尚不见了。”过了片刻，他摸了摸自己的光头，喜道：“喜得和尚还在。”最后，顿足叹道：“我不见了。”

大家莫笑差人敌我不分，他的根本错误在于把自己也看成是一件东西，同身外之物混为一谈。当代大数学家、波兰人谢尔宾斯基的思路居然也有异曲同工之妙。他出门旅行或者参加学术会议时，总要清点随身行李，而且是从第0件开始，接下来是第1件，第2件，第3件，第4件，第5件……别人看他这种傻乎乎的模样，

笑问："谢教授，您有几件行李呀？"他总是笑而不答。但是，谁要是偷了他一件行李，他马上就能发觉。

谢尔宾斯基认为传统的那种从1开始的计数法，最后那个数既指最后那件行李，又指行李的总数。这种用法，实际上是把**基数**与**序数**混为一谈了，所以他认为需要改革。你们不要认为谢尔宾斯基的想法是标新立异，无事生非，实际上他的观点相当尖锐、深刻。比如说，21世纪始于哪一年，是2000年还是2001年？尽管权威的英国格林尼治天文台认为21世纪应始于2001年1月1日，但是许多国家与天文团体都不买这个账，官司还一直打到了联合国。从本质上来说，这就是计数应始于0还是始于1的差别！■

从前，有个人财大气粗，自命不凡，认为有钱能使鬼推磨，没有他办不成的事。但他肚子里缺少墨水，说起话来随随便便，没遮没拦。为此，他得罪了很多人，朋友越来越少。

有一天，他设宴请客，桌上摆满了鸡鸭鱼肉，山珍海味。来宾倒也不少，但他一看，有几个重要人物还没有光临，就不假思索，自言自语道：

"该来的怎么还不来呢？"

在座的客人们一听，心里凉了一大截，心想：照他这么说，我们是不该来的喽！于是，有一半人连招呼也不打就走了。

他一看，这么多人不辞而别，便着急地说：

"啊！不该走的倒走了！"

剩下的人听了，心里好不生气，"他这么说，是当着和尚骂贼秃。这么说，我们是该走的了！"于是，

又有$\frac{2}{3}$的人不告而别。

一看这阵势，这位东道主急得直拍大腿：

"这，这，我说的不是他们啊！"

剩下的 3 个客人听了，心里着实不是滋味，"不是说他们，那当然是说我们啦！"于是，二话不说，也都气冲冲地打道回府了。

结果，宾客全部跑光了，只剩下主人一人干着急。

你能算一算，在这位愣头愣脑的"马大哈"主人说第一句话之前，已到了多少客人吗？

答案很易算出，列个一元一次方程解一下就行了。设原有客人为 **x**，则：

$$\frac{x}{2} + \frac{2}{3} \times \left(\frac{x}{2}\right) + 3 = x$$

$$\therefore x = 18（人）$$

所以，他曾有过 18 位客人。

不过，用心算可以更快些。很明显，剩下 3 个人即相当于全部宾客一半的 $\frac{1}{3}$，由于 $\frac{1}{2} \times \frac{1}{3} = \frac{1}{6}$，所以 $3 \div \frac{1}{6} = 3 \times 6 = 18$（人）。■

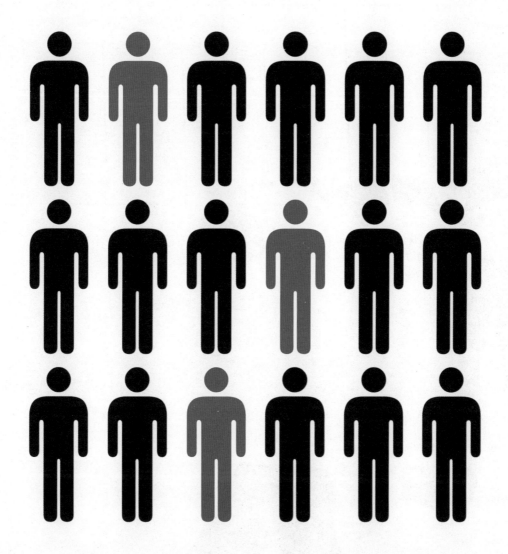

REN GOU SAI TIAO

人狗赛跳

BOWWOW

常言道："狗咬人不算新闻，人咬狗才是新闻。"至于已经成了高级官员的人，还要低三下四去学狗叫，摇尾乞怜，那当然是奇闻中的奇闻了。

话说南宋时代，政治腐败，贿赂盛行。大奸臣韩侂（tuō）胄把持朝政，专权 14 年，被皇帝封为平原郡王。在他身边，拍马屁的人多得不计其数。

他在临安（现在的杭州）近郊的风景区吴山上造了一个南园，其中有村庄、茅舍，一派田园风光。

一天，韩侂胄在园中畅游，扬扬自得，十分开心。游了一阵子，他发话了："造得好极了。美中不足的是，村庄里听不见鸡鸣犬吠之声。"可是，等他到其他地方转悠了一圈重新回来时，竟然听到了狗的叫声。他十分奇怪，连忙派人去察看。原来是临安府尹（古代官名）赵师

罪（yì）躲在田埂上装狗叫。韩佽胄便叫赵师罪过来，让他从头表演一番。欣赏过这种特殊口技之后，韩不禁哈哈大笑起来。

韩佽胄跷起大拇指夸道："府尹所为，正合老夫之心。不过，我还想看看你的腰腿功夫。"于是心生一计，让他同韩夫人所养的宠物哈巴狗比赛跳跃。

韩佽胄命令手下人在距出发点100尺远的地方画一条白线，叫赵师罪和哈巴狗从起点同时起跳，抵达白线后再立即跳回，看谁能先跳回来。比赛开始了。狗每分钟跳3次，每次跳2尺远；赵师罪每分钟

跳 2 次，每次跳 3 尺远。

人和狗每分钟都能跳 6 尺，速度相等，应该同时回归原处，但比赛结果是赵师禹输了。这是为什么呢？

原来，赵大人跳 33 下后只有 99 尺，所以必须经过 34 跳，越过白线 2 尺后才能回头，往返共需 68 跳。而哈巴狗跳 50 下正好达到白线，往返共计 100 跳。算一算时间：赵大人要花时间 **68÷2=34（分钟）**，哈巴狗却只需 **100÷3=33$\frac{1}{3}$（分钟）**。

所以这场比赛赵大人输了。不过，他以身作狗却赢得了韩侂胄的欢心。■

AI ZI ZUI JIU

艾子醉酒

从前，有个名叫艾子的人，他喜欢喝酒，整天晕晕乎乎，醉多醒少。他的好朋友们为此忧心忡忡，怕他因此送了性命。但是，不管你怎么劝，他总是"死猪不怕开水烫"，说了白说。一天，有人想出了一条妙计：想办法吓唬他，使他戒酒！

于是，他们用了梁山泊好汉的招数，大块切肉，大碗灌酒，终于使酒量极好的艾子醉倒了。不多一会儿，艾子大吐特吐起来，秽物满地，臭不可闻。艾子的好朋友们按照事先商定的计谋，偷偷把猪肚肠放在秽物里面。在艾子半醉半醒时，故意大声惊呼："不得了啦！老

先生竟醉得把肚肠都吐出来了。常言道'人要有心肝等五脏才能生存',现在他吐出了一脏,5-1=4,只剩下四脏了,怎么能够活得下去呢!"大家哭哭啼啼,好像艾子已经命在旦夕。

艾子被朋友们这一叫,酒醒了八九分。他揉了揉迷糊的眼睛,仔细察看了地上的脏东西,然后慢慢吞吞,不慌不忙地回答:"急什么?你们真是少见多怪!唐三藏只有'三脏',不是活得好好的吗?还到了西天,干出了一番大事业。何况我现在还剩下四脏,**4 > 3**,后劲大着哩!"

朋友们被他这个惊人的回答镇住了,全都目瞪口呆,不知下一步棋该怎么走。

突然,一个人上前猛揍他一拳,大声喝道:"什么三脏四脏的,今天你给我在这本撕破的《西游记》里指出个'三'字来,我才放过你,否则还要狠狠地揍你一顿。"

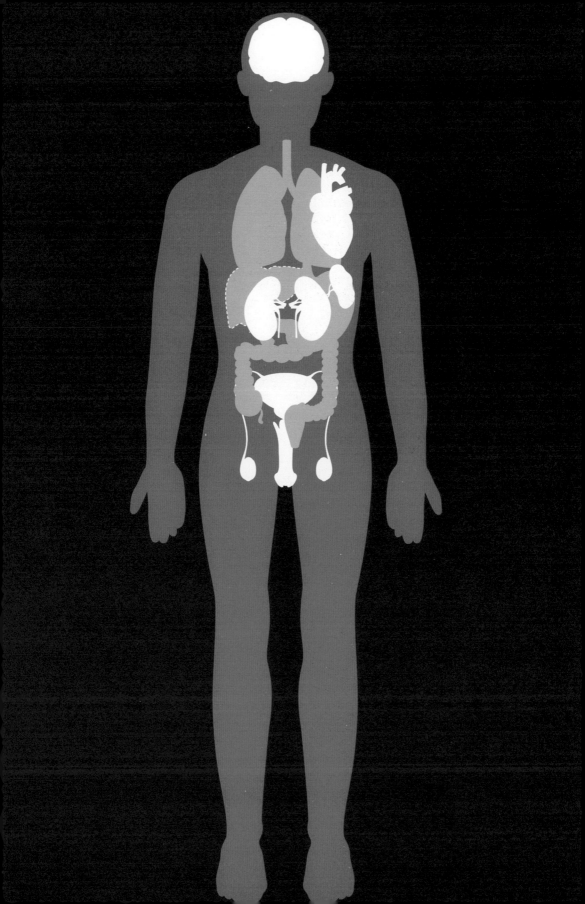

　　艾子忙不迭地接过书来。哎呀，我的天！这里面哪有"三"字呢！可是，他眉头一皱，计上心来，指着书上"名山大川"的"川"字，对朋友们说："这个字就像方才喝饱老酒的我，现在醒过来了。只要再把它灌足老酒，使它呼呼睡下去，一横下身子，不就是你们要找的'三'字吗？"朋友们听后哑口无语，无不佩服他的机智。

　　你看，在这个笑话里，**不等式**和**旋转90°**的概念不都埋伏在里面了吗？■

　　北齐高祖神武皇帝姓高名欢，是中国历史上的一个重要人物。他兵多将广，领土包括长江以北大部分地区。

　　一天，高欢大宴群臣。大家都喝得醉醺醺的，席上有人提到了东晋的大文学家郭璞。

　　郭璞的作品很多，其代表作是《游仙诗》。此诗通过对神仙境界的赞美，表达了郭璞忧国忧民、避祸养生的思想，是中国文学史上的一篇杰作。

　　席上，高欢带头赞扬郭璞，说他的《游仙诗》写得极好。在座的各位大臣与文人学士都随声附和。

　　然而，高欢的一位侍从石动筒却站起来大唱反调："此诗有什么了不起！假使让我来作肯定比他要高明一倍。"高欢一听此言，犹如被当头浇了一盆冷水，非常不高兴。他压住心头怒火，厉声责问："你这小子竟

敢口出狂言，羞辱大文学家！"便下令叫他也作一首诗来比比，作得好就重赏，作不好就砍脑袋。

石动筒却是胸有成竹，不慌不忙。他说："郭璞的《游仙诗》里有一名句'青溪千仞（rèn，古代以七尺为一仞）余，中有一道士'。小臣的作品是'青溪两千仞，中有二道士'，岂不胜他一倍？"高欢一听，便大笑，笑得把口中的酒都喷出来了，酒宴达到了高潮。

石动筒巧妙地运用了算术里的**比**和**比例**，取得了戏剧性的效果。

然而，有的比例问题，并不像石动筒算得那么简单，比如：1.5 只母鸡在 1.5 天里生 1.5 只蛋，试问 6 只母鸡在 6 天里能生几只蛋？

假使你是石动筒，也许就会脱口而出："那还用算？当然是 6 只喽！"

但是，错了！正确答案不是6只，而是24只！

为什么？**先保持时间不变，因为 1.5 只母鸡在 1.5 天里生 1.5 个蛋，所以 1 只母鸡在 1.5 天里生 1 只蛋。于是，6 只母鸡在 1.5 天里生 6 只蛋。**

再考虑时间。从 1.5 天扩大到 6 天，6÷1.5=4，所以生出来的蛋数也要按比例扩大到原来的 4 倍，因此生出来的蛋应当是 6×4=24（只）。■

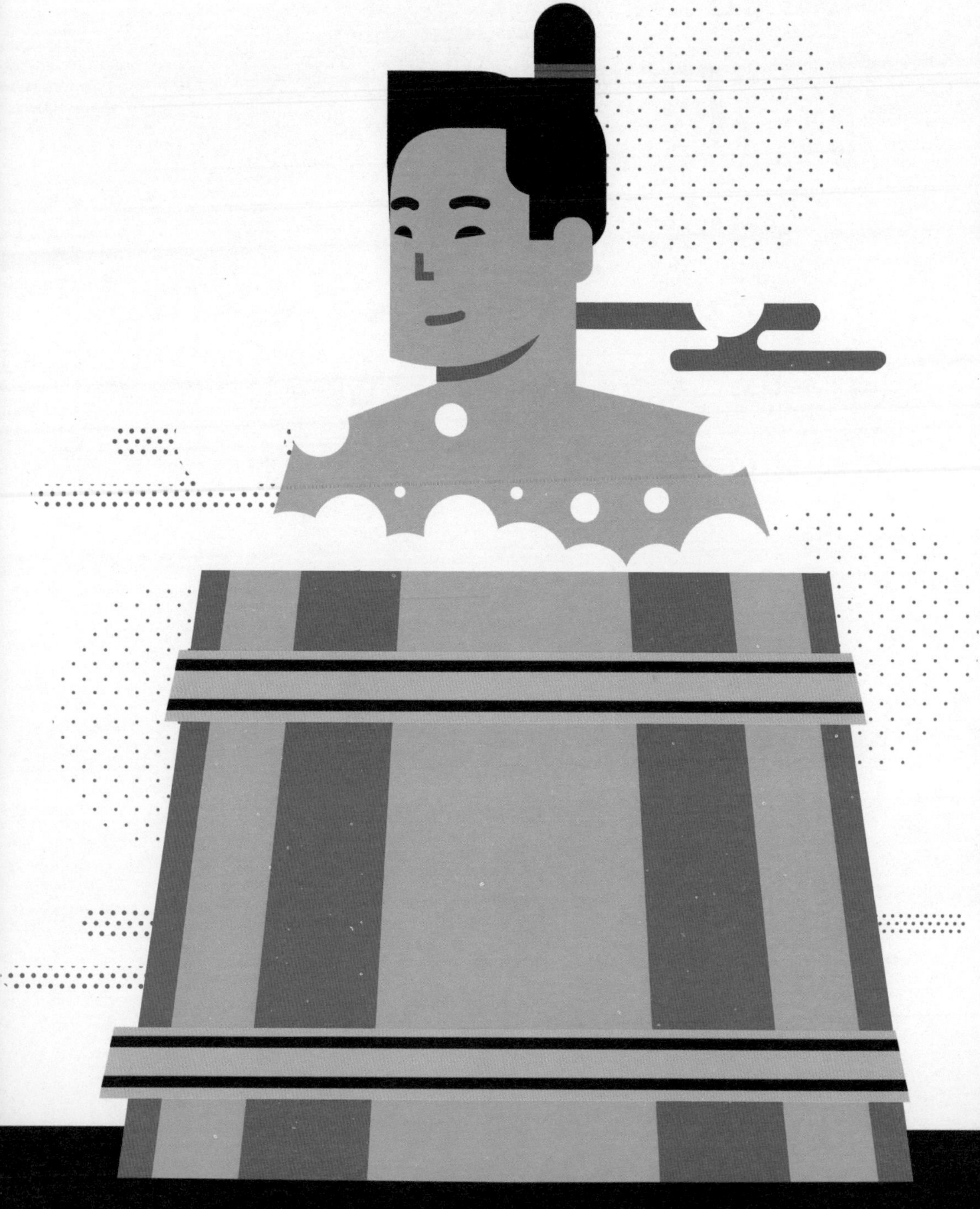

TANG BO HU XI ZAO
唐伯虎洗澡

苏州是著名的鱼米之乡, 在明清两代中状元的人很多, 居全国之首。这些状元虽然当时风光无限, 享尽荣华富贵, 但后世的人们早把他们忘得一干二净。

倒是有个没中状元的唐寅, 在六七百年后的今天, 还被人们熟知, 被称为江南四大才子之一。唐寅还有一个人们更加熟悉的名字——唐伯虎。他不仅是个才子, 还是一位大画家。目前, 他的任何一幅画, 都会被世界各大拍卖行视为无价之宝。唐伯虎为人很风雅、幽默, 不拘小节, 有不少笑话流传于世。

据说, 有一年阴历三月初三, 有个姓杨的土豪劣绅

拜访唐伯虎，企图以势压人，强迫他无偿作画。唐伯虎不愿见此人，就紧闭门窗，在门上贴上"我正在洗澡，不见客"的留言条。姓杨的看了这个"安民告示"，非常恼火，悻悻而去。

光阴似箭，日月如梭，不知不觉又过了3个多月。一天，唐伯虎说有事要见这个杨某。杨某听到守门人的报告，不禁暗喜，"好小子！你也有寻上门来的时候。我要让你也尝尝'闭门羹'的滋味。"于是，他也关起门来，在门上贴上"我正在洗澡，不见客"的留言条。十足的翻版，同唐伯虎的原话一模一样。

唐伯虎看到留言，心中大喜：杨某这个笨蛋果然上当了。他连忙拿起笔来，在墙壁上题下一首打油诗：

君昔访我我洗浴，我今回访君洗浴。

君访我时三月三，我访君时六月六。

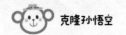

原来，苏、杭一带，民间有句俗话叫作"六月六，狗浴（洗澡）"。别人看到唐伯虎的诗，都笑痛了肚皮。杨某却是哑巴吃黄连，有苦说不出。

三月三和六月六，从年初算起其天数大体上是1：2，也就是"**翻番**"与"**减半**"的关系。"翻番"与"减半"是两种最简单的运算。

俄罗斯有个地方的乡下人就只会乘2（翻番）与除2（减半），但他们却能做任何两个数的乘法。他们是怎么做的呢？下面举个例子来看看。计算89×107：首先，把它们并排写在一行；然后把89反复除以2，一直到商为1；写出所有商数，余数则丢弃不管；107则相反，要反复乘上2，也把结果一一写出；最后，在第一列中的奇数上打上"＊"号，在第二列中对应的数目上打上"√"号；打有"√"号的数相加所得的结果，就是这两个数的积。请看下面的运算过程：

减半	翻番
89*	107 √
44	214
22	428
11*	856 √
5*	1712 √
2	3424
1*	6848 √

和 为107+856+1712+6848=9523，而89×107 正是等于9523！

原来，乡下人做乘法的背后隐藏着深刻的**二进位**原理。■

XIU CAI DE GU SHI
秀才的故事

从前，有个穷秀才在乡下教书，他有个学生是一个地主的儿子。这个地主是有名的守财奴、吝啬鬼，连过端午节也不给先生送节礼（旧时候，春节、端午、中秋是三大重要节日，按规矩，要给教书先生送节礼）。于是先生问学生："你父亲怎么不送节礼？"学生回家问老子，老子说："你回先生说，父亲忘记了。"学生便依照老子的教导来回复。先生听后一本正经地对他说："我出一个对子让你对，若对得好倒也罢了，对不好定要打你。"接着就出了上联：汉有三杰——张良、韩信、尉迟恭。学生对不出，怕挨打，回家哭告父亲。吝啬鬼父亲说："怕什么？你去对先生说，这对子根本就出错了，尉迟恭是唐朝人，不是汉朝人。"学生把这番话"传达"

给先生，先生道："你老爹千年前的事儿都记得一清二楚，怎么一个端午节反而忘记了？"

后来，这个秀才的经济状况有所改善，年过花甲之后，元配夫人忽然去世，又娶了一个年轻的女子做老婆。时隔不久，得一子，便取名为"年纪"。一年之后，又得一子，长得很帅，有点儿像个读书的种，于是取名为"学问"。又过了一年，第三个儿子又呱呱坠地。秀才满心欢喜，自言自语道："如此老年，还生此儿，真乃笑话也。"于是便给小儿取名为"笑话"。

光阴似箭，日月如梭。眼看十几年过去了，3个儿子都已成为很有力气的青年了，老秀才也教不动书了。穷人的孩子早当家，父母叫他们都上山打柴去。

日头西下，炊烟四起，3个儿子打柴回来了。老秀才问妻子："3个儿子各打了多少柴呀？"妻子回答："年纪有了一把，学问一点儿也无，笑话倒有一担。"这句天造地设的模糊语言，既说明了儿子们打柴的实际情况，又

说明了老秀才的现状，真是一箭双雕。

那一年，老秀才的年龄比"古稀之年"（70岁）还多出十载，他夫人的岁数是第二个儿子年龄的一倍。说来也巧，母子4人的年龄之和正好等于老秀才的年龄。你知道这一家子年龄的总和是多少吗？3个儿子各自的年龄又是多少呢？

当然，这题并不难解。对于第一个问题，不需做任何计算即可脱口说出：160 岁。

设第二个儿子的年龄为 x，则其母年龄就为 2x，由于 3 兄弟是在 3 年之内连续出生的，所以他们的年龄之和为：

$(x-1)+x+(x+1)=3x$

于是可按题意列出方程：

$5x=80$

$\therefore x=16$

3 个儿子的年龄分别是 **15、16 和 17 岁**。∎

15   16   17

DONG FANG SHUO DE MIAO LUN

东方朔的妙论

汉武帝刘彻是汉朝皇帝中寿命与统治年代最长的人，做了54年的皇帝。他统治下的汉朝国力强大，民生安定，是汉朝的极盛时期。

到了晚年，汉武帝变得骄傲起来，听不进忠言，还学秦始皇，接连派出好几批人出海上山求仙找药，梦想长生不老。

当时宫廷里养着一个小丑，名叫东方朔，常在武帝身边说些俏皮话，供皇帝谈笑取乐。其实东方朔是一个很有智慧的人，他经常想出一些点子和怪招，劝阻皇上不要去干无益的蠢事，因此后人称颂他为演滑稽与说相声的"祖师爷"。

汉武帝逐渐衰老了。一天，他在宫中照镜子，看到自己满头白发，形容枯槁，便闷闷不乐起来。他对身边的侍从说："看来我终究难免一死。我把国家治理成这样，上对得起列祖列宗，下对得住老百姓，也算不错了。只有一件事情放心不下，不知道死后的'阴间'好

不好？"众人听了，面面相觑，不敢回话。东方朔却说：

"阴间好得很，皇上尽管放心去吧！"汉武帝听后大惊，

连忙问他："你是怎么知道的？"东方朔不慌不忙地回

答："如果那个地方不好，死者一定要逃回来的。可是他

们却没有一个人逃归，所以那边肯定好极了，说不定是

个极乐世界哩！"汉武帝听后大笑，满面愁容顿时散去。

又有一次，有人从昆仑山瑶池带回灵药，据说是向

王母娘娘求来的不死药。不料，此药被东方朔偷吃了。

汉武帝大怒，下令把东方朔五花大绑，砍头问罪。别人

吓得屁滚尿流，谁都不敢劝阻。东方朔却面不改色，嬉

笑自若，他对皇帝说："既然是不死药，皇上是杀不死

臣的，何苦多此一举？如果真的把臣杀死了，那就证明

不死药没有功效，吃了还是要死的。这种伪劣东西，为

什么拿来欺骗皇上？"汉武帝一听，哈哈大笑，连忙下

令放了东方朔，还赏赐他美酒，给他压惊。

东方朔的妙论实际是一种**数学逻辑**，这不禁令人

想起数学里头极其有名的"**理发师悖论**"。某村规定：自己不能给自己理发；所有的人，必须由全村唯一的理发师理发，不得有犯。

那么，理发师自己的头该由谁去剃呢？若叫别人来剃，那就违反了规定；如果自己剃，还是违反了规定。左也不是，右也不是，无法对付。

看来，逻辑妙题并非西方人（"理发师悖论"是由英国数学家罗素于1901年提出的）独有啊！■

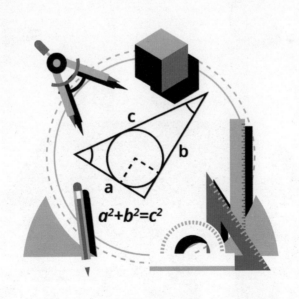

JUE SE HU HUAN
角色互换

清朝慈禧太后垂帘听政时期，特别喜欢溜须拍马的人。于是朝廷里出现了一种怪现象：无论亲王、贝勒、军机大臣、一品大员，都以自称"奴才"为荣。

"摇车里的爷爷，拄拐杖的孙孙"，这句俗语的意思是：主子再小也是老爷，奴才再老也是下人。贾府里的焦大，曾经在刀山火海、死尸堆里，舍生忘死地把老爷背了回来；但因为在酒后乱骂"哪里知道生下了一些这样的畜生，每日里干些偷鸡摸狗的事情"，结果被恼羞成怒的主子严严实实地捆绑起来，还用马粪塞满了他的嘴巴，叫他有口难言。

不过，天下事多如牛毛，孔夫子也只识得一腿。有时候，"运去奴欺主，时乖鬼弄人"的情况也是有的。第

一年日子过不下去，只好求爷爷告奶奶，卖身为奴，做了财主家的长工；然而时来运转，三十年河东，三十年河西，摇身一变，成了老板。再加上天有不测风云，人有旦夕祸福……

据说，《三国演义》里有名的曹操做过一件有趣的事。他有一次接见外国使臣，为了不让人探得虚实，就自己假扮为捉刀人，侍立床前，而让手下人扮作自己。事后，使者对别人说："曹公是很不错的，但他床前的捉刀人却英气外露，不可一世。"这真是"人中吕布，马中赤兔"，真相毕竟难以掩盖啊。曹操露了馅，但西洋镜并未完全拆穿。

掉换角色，在数学里是司空见惯的事。"**自变量**"可以变成"**因变量**"，例如下面的摄氏温度与华氏温度的相互换算公式：

$$F = \frac{9}{5}C + 32, \quad C = \frac{5}{9}(F-32)$$

两者实际上完全等价，你随便用哪一式都行。

有趣的是：-40°F 与 -40℃ 竟是完全一样的，你信不信？

"去年的老皇历，翻不得"，也许，一年的时间间隔是太长了一点儿。然而，历史上确曾有过"钟针对调"问题，连大名鼎鼎的爱因斯坦在生病时也放不下它。现在，让我们改编一下。

小张在家刚吃过中饭，突然电话铃声响了。有人通知他舅舅从海外归来探亲，要他到浦东国际机场去迎接。小张抬头一看，时针指在12点多，分针在5与6之间。下午5点多钟他把舅舅接回来。真是无巧不成书，他竟看到时针与分针正好是"角色互换"，对调了位置。试问，这一进一出的准确时间是什么？

假设小张听完电话后看钟的时间是 12 点 x 分，x 应满足不等式 25 < x < 30。

由题意可知，在 12 点以后，分针走 x 格，而时针走了 $\frac{x}{12}$ 格（钟面上两个连续数之间共有 5 格）。

回家时是5点$\frac{x}{12}$分，即在5点钟以后，分针走$\frac{x}{12}$格，而时针走**(x-25)**格。

因为分针速度是时针速度的12倍，于是可以列出方程：

$$12(x-25)=\frac{x}{12}$$

$$12x-300=\frac{x}{12}$$

$$(12-\frac{1}{12})x=300$$

$$\therefore x=300\div\frac{143}{12}=300\times\frac{12}{143}$$

$$=25\frac{25}{143}（分）$$

所以小张接电话时是12点$25\frac{25}{143}$分，而回家时是5点$2\frac{14}{143}$分。经过4个多小时后，钟面上的长针与短针交换了位置。

爱因斯坦已证明，钟面上只有143个点才有此种可能性。问题虽小，却有特殊的魅力，体现了时空的某种对称性。■

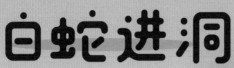

BAI SHE JIN DONG

白蛇进洞

雷峰塔

蛇同人们生活的关系实在非同小可。先讲吃的，广东人最讲究吃，凡是天上飞的，地上爬的，水里游的，通通都可以吃。粤菜中有一道名菜，叫作"龙虎斗"。但是，龙本是传说中的动物，实在子虚乌有；至于虎呢，不论是东北虎还是华南虎，都是国家重点保护动物，严禁捕杀。于是广东人动上了脑筋，用蛇与猫作为它们的替身。倘若你是个有心人，不妨去做个统计，一年下来，食用蛇的消耗量恐怕要以"吨"来计算。

此外，同蛇相关的俗语也是多得不计其数，任何一位语文老师都不可能将它们一一列举。仅最常见的便有"龙蛇飞舞""虚与委蛇""佛口蛇心""蛇无头不行""打蛇打在七寸上""打草惊蛇""蛇有蛇路，鼠有鼠路"，等等。

有趣的是：古书上其实根本没有"蛇"字，古书上把"蛇"写作"它"。《说文解字》这本很有权威的工具书对它做了详细解释。

原来，蛇是一种爬行动物，身体又圆又长，大多分布在热带和亚热带。上古洪荒时代，我国黄河流域气候温暖湿润，草深林密，蛇类大量繁殖，活动频繁。先民们结草而居，不可避免要同蛇打交道，少不了受其侵害，甚至中毒丧生，因而对蛇产生了一种敬畏心理。相传先民们见面时，最常用的一句话便是"无它乎！"翻译成白话文，意思就是"没有碰到蛇吧！"这种问候话，简直同英语里的口头禅"How are you?"有异曲同工之妙。

到过镇江金山寺的人十之八九都要去游览一下法海洞。据说，多事的法海和尚硬要拆散白娘子和许仙，

他把雷峰塔变成了一个山洞，罩住了白蛇。后来，人们根据"白蛇进洞"编了一道有趣的算术名题。

白蛇身长 80 尺，它被法海和尚用法术驱赶，以 $\frac{5}{14}$ 天爬 $7\frac{1}{2}$ 尺的速度进入山洞。然而，白蛇很不甘心，它的尾巴以 $\frac{1}{4}$ 天长出 $\frac{11}{4}$ 尺的速度生长着。现在问你：法海和尚能否达到他的目的？究竟要经过多少天，白蛇才能全部进洞？

开始时，蛇尾的末端距洞口 80 尺。过了一天，蛇头爬进 $7\frac{1}{2} \div \frac{5}{14} = \frac{15}{2} \times \frac{14}{5} = 21$（尺）。可是，在这

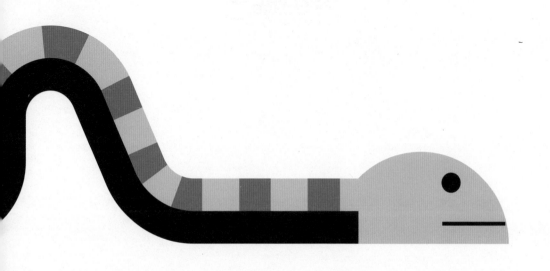

一天中，蛇尾又长出了 $\dfrac{11}{4} \div \dfrac{1}{4} = 11$（尺）。所以，蛇尾的末端一天内实际向前移动了 21-11=10（尺）。

以后当然天天都是如此。法海和尚毕竟棋高一着，白蛇虽然拼死挣扎，终究无济于事。因此，蛇尾的末端进洞的时间是：

80÷10=8（天）

但是，后来雷峰塔倒了，白蛇一定得到了解放。■

KE LONG SUN WU KONG

克隆孙悟空

现代科学技术的发展，使中国古典小说里一些荒诞不经的东西如千里眼、顺风耳、神行法等都基本得到实现。下一步该轮到什么呢？有人猜想是"分身术"。21世纪是生物科学飞速发展的时代，"克隆"也已成了很时髦、出现频率很高的名词。奇怪的是，西方人在这个问题上的想法同中国古人如出一辙——不是已经出现了一本很畅销的科幻作品《94个小希特勒》吗？

有句俗语叫"小鬼跌金刚"，小鬼能把金刚摔倒，这是怎么回事？不是金刚的本事不大，而是小鬼实在太多。以数量压倒质量，恐怕这是千古不易之理。现在全世界无论哪一国政府，都坚决反对克隆人；一个重要原因，恐怕就在于此。由同一个模子铸造出来的克隆

人大军,在其主子的号令下铺天盖地而来,连用机关枪扫都来不及。

《西游记》里说:"这猴王真厉害,一窍通时万窍通。他当时习了口诀,自修自炼,将七十二般变化,都学成了。"72,只是一个大概数字。孙悟空最厉害的招数,便是他能  拔下一撮汗毛,喝声"变", 一下子就变出 72个手持金箍 棒、个个都能 冲锋陷阵的孙 悟空。

克隆技术 在不断发展,数学家们在旁 边看热闹,看得牙痒痒的,也想动手试一试了。俗话说:"内行看门道,外行看热闹。"数学家对生物技术,自然是一窍不通的;但他们不妨拿图形来试一试,或可从中打开缺口,探索出一些自然规律来。

我们的中小学教材里在讲几何图形的分割时,主要着眼点还停留在要求分割出来的子图形面积相等。其实，这有点儿跟不上"形势"了。国外的教材，已经进展到"克隆"这一步：要求分割出来的图形，和原来的图形一模一样，是它的"翻版"。

怎样将一个正方形分割成 9 个同样大小的正方形呢？这样的问题自然是太平凡、太容易了。我们简直无需解释，大家看一看图形就一目了然。但是它的意义却不小，将每一个小正方形再如法炮制一下，就得到了 81 个更小一些的正方形。看，总数竟比 72 个还多！

除了正方形之外，矩形、菱形、平行四边形、三角形也都可以十分轻易地"一分为九"。为了节省篇幅，我们在图 1 中只画了正方形、平行四边形与普通三角形的分割法。其他几种图形，读者可以"无师自通"。

初步尝试就取得了良好成绩，大家信心倍增。但不要自满，下面我们再用两个复杂得多的图形来试一试。如图 2，前者叫作 L 字形，后者便是埃及狮身人面像

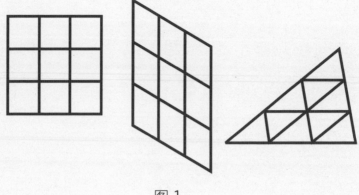

图 1

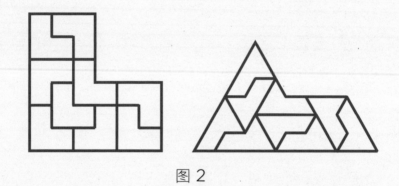

图 2

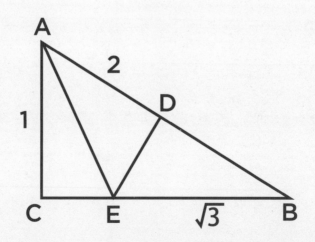

图 3

的简化图形。分割的难度高多了，大家只有通过自己动手，才能真正领悟。几何不像算术和代数，好多窍门极难用语言、文字来表达。

猪八戒、沙和尚的本领自然不能同他们的大师兄相比，但是他们看着也眼热；虽然变不出 72 个，多少变出一些来也是好的。让我们退一步，来看"一分为三"的例子。

如图 3，有一个直角三角形，其 3 边之长分别为 1、2、$\sqrt{3}$。取斜边之中点 D，由此点出发，作斜边之垂线，同底边相交于 E；再连 A、E，由此而得出 3 个小直角三角形。不难证明，3 个小直角三角形 3 边之比均为 $\dfrac{\sqrt{3}}{3} : 1 : \dfrac{2\sqrt{3}}{3}$。它同原来大直角三角形的 3 边之比 $1 : \sqrt{3} : 2$ 完全相同，所以它们都是原来图形的"克隆产品"。■

数学破迷信

从前，林语堂、徐志摩以及一些"新月派"诗人认为，在中国，真正相信宗教的人为数不多，虔诚的简直没有。《论语》月刊上曾经登载过一则幽默得令人喷饭的俗语："酒肉穿肠过，佛在心头坐。"于是，他们得出结论，在中国，反迷信的任务不重。

但实际上，中国封建统治长达数千年之久，与之相伴相随的封建迷信也同样植根深厚、历史悠久。俗话说得好，"做了皇帝想登仙"，皇帝老子连做梦也想上"天堂"。当时秦皇、汉武、唐宗、宋祖，都想活过千年，做个彭祖第二，所以朝进方士，暮采仙药，结果是适得其反。

"定数难逃"的宿命论思想在我国民间流传甚广。"有个唐僧取经，就有个白马来驮他"，似乎世上一切事情，都由冥冥上苍预先安排好了。"穷算命，富烧香"，连周而复《上海的早晨》也时时提到。穷人要算命，目的是想预测一下，命运有没有转机；富人要烧香，求神佛保佑他一家永远富贵下去。

即使在发达国家, 反迷信也是一桩长期的艰巨任务。世界著名数学科普大师马丁·加德纳是一位反对伪科学的斗士。他非常风趣, 又善于讲故事, 深受各阶层人士的欢迎。下面讲两个例子, 让我们来看一看, 他是怎样通过数学来宣传无神论的。

K	66	
I	54	
S	114	
S	114	
I	54	
N	84	
G	42	
E	30	
R	108	(+
	666	

图 4

666是《圣经》上的野兽数, 在欧美等西方人看来, 它简直像洪水猛兽, 比不吉利的13还要凶险。再加上杀人魔王、纳粹头子希特勒的姓名也同它有关, 一般群众更觉得666是个不吉利的数了。

加德纳先生一针见血地指出: 其实对任何姓名, 他都有办法使之与 "野兽数" 挂钩。众所周知, 亨利·基辛格 (Henry Kissinger) 是美国前总统尼克松的国务卿, 曾随

总统访华，是位大名鼎鼎的人物。如果我们用数字代替字母的方法，令a=6,b=12,c=18，…这样依次类推，也可得出基辛格的名字是一个"野兽数"(图4)！

马太、马可、路加、约翰四大福音是《圣经》"新约全书"里的前4篇，分别有28、16、24、21章。加德纳先生教人们用这些神圣的数去制造一个**繁分数**：按照美国人的标准写法，记为 $\left(\dfrac{28}{16}\right) \div \left(\dfrac{24}{21}\right)$，然后把所有的数来一个大颠倒，大翻身，变为 $\left(\dfrac{21}{24}\right) \div \left(\dfrac{16}{28}\right)$；最后把它们做除法，化成小数。令人惊奇的是，居然可以除得尽，结果都等于**1.53125**；而最后的答数，在《圣经》里也是大有来头的！

正在大家一片欢呼、拍手叫好之际，马丁·加德纳对啧啧称奇的群众大泼冷水："女士们，先生们！你们感到奇怪吗？其实，对任何4个非零正整数构成的繁分数，颠倒前后所得的值，都是相等的。各位对繁分数不大熟悉，是吗？" ■

三句不离本行

近代大画家齐白石，住在北京的胡同里，到了八九十岁高龄，作品还是不少，令人叹服。可是齐白石自己最佩服明朝的大画家徐文长，自称"青藤门下走狗"（徐渭字文长，别号青藤）。

徐文长号称天下才子，却被绍兴知府关进监牢，放出来之后，生活十分潦倒，经常是吃了上顿没有下顿，全靠朋友接济。徐文长原本就没有什么读书人的架子，只要合得来，贩夫走卒、江湖市井之徒都可以成为他的朋友。他后来之所以还能活在世上，留下许多不朽作品（书画与文章），也全亏这些朋友的接济。

有一天，徐文长同几位朋友在酒楼大吃大喝。朋友们明知他身无分文，专门吃白食，倒也不嫌弃。不过，喝闷酒没劲，大家商定行个酒令，用俗语来作一首打油诗：第一句要有个"天"字，第二句有个"地"字，然后"左""右""前""后"，再下去是数目字"三""五"，最后用"一"来收尾。作不出的人，就让他来结账。

有位秀才抢着作了第一首打油诗："天子门生，状元及第(第与地同音，也算合格)。左探花，右榜眼，前呼后拥。三篇文章，五湖四海闻名。一步上青云。"

众人拍手叫好，秀才拿起酒杯，一饮而尽。接下来是一位老和尚，他合掌道："上有三十三重天，下有十八层地狱。左文殊，右普贤，前弥勒，后韦驮。三身(法身、应身、报身)如来，五世罗汉。一声'阿弥陀佛'。"

大家哄然叫好。

但见郎中先生站起来，不慌不忙地吟起他的打油诗来："上有天门冬，下有地骨皮。左防风，右荆芥，前有前胡，后有厚朴('厚'与'后'为同音字)。三片生姜，五颗红枣。一帖药包你病好。"——真是中医本色。

接下来是木匠师傅，他羞答答地说："咱没有多少文化，说出来的话也许上不了台面，列位不要见笑。

"上有天花板，下有地搁板。前有前门，后有后门，左有厢房，右有厨房。三百根椽子，五千块瓦片。一间房

子造好。"——活脱一个木匠的口吻。

剩下徐文长了，但见他搔搔头皮："天上无片瓦，地下无寸土。左无门，右无户，前没围墙，后没遮拦。三杯下肚，五更天明。消却一片愁云！"

大家都说："佩服！佩服！老先生露天席地，困顿到如此地步，还能如此乐天如命，难得，难得！请你尽量放开肚皮，学那水浒英雄，大碗喝酒，大块吃肉！"

说到这里，我忽然发起奇想来，倘若我能像当代物理学家斯蒂芬·霍金的名著《时间简史》中所说，通过时空隧道而回到过去，同他们在席上一起喝酒行令的话，那么，我该怎么办呢？

既要符合要求，又要三句不离

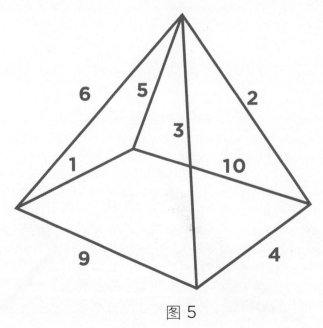

图 5

本行, 体现出自己的职业身份, 可是我又不想吟诗作赋, 这倒是个难题了。

猛然想起了金字塔, 现在连孩童都知道金字塔的形状。如图5所示, 它是个四棱锥, 底座为一矩形, 4条侧棱会聚于上面的一个顶点。总的看来, 金字塔共有5个顶点, 8条边, 5个面。底面可以认为是"地", 塔顶不妨看成"天"(其实建造金字塔的埃及法老就是这样想的); 4个侧面自然是左、右、前、后, 这样就通通都有了。

我砍掉从1到10的10个自然数中的两个(7和8), 然后把剩下来的8个数分配给8条边, 每边一个数(见图5)。

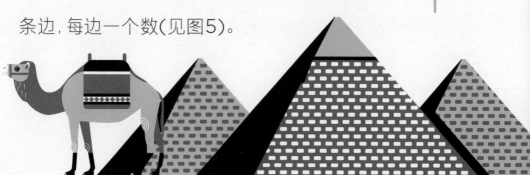

配置的办法自然经过深入研究，应该砍掉什么，留下什么，不能胡来。实际上，它就是一道"金字塔趣题"，即使拿来做奥林匹克竞赛题，也够格。

现在好了，你们从图上的任意

一个顶点出发，可以看出会聚于该点的各条边上的数字之和都等于16（4的平方），真像是天造地设一般。酒令所要求的1、3、5也通通出现了，而且5个顶点一律"平等"，不分高下，就像秀才、和尚、郎中、木匠，以及徐文长并无尊卑之分一样。■

图书在版编目（CIP）数据

克隆孙悟空 / 谈祥柏著；许晨旭绘 . -- 北京：中
国少年儿童出版社，2020.6
（中国科普名家名作 . 趣味数学故事：美绘版）
ISBN 978-7-5148-5893-8

Ⅰ . ①克… Ⅱ . ①谈… ②许… Ⅲ . ①数学 – 少儿读
物 Ⅳ . ① O1-49

中国版本图书馆 CIP 数据核字（2019）第 296363 号

KE LONG SUN WU KONG
（中国科普名家名作——趣味数学故事·美绘版）

出版发行： 中国少年儿童新闻出版总社
中国少年儿童出版社

出 版 人：孙 柱
执行出版人：马兴民

责任编辑：李 华	著 者：谈祥柏
责任校对：刘文芳	绘 者：许晨旭
责任印务：厉 静	封面设计：许晨旭
社 址：北京市朝阳区建国门外大街丙 12 号	邮政编码：100022
编 辑 部：010-57526336	总 编 室：010-57526070
发 行 部：010-57526568	官方网址：www.ccppg.cn

印刷：北京市雅迪彩色印刷有限公司

开本： 720 mm × 1000mm 1/16	印张：6.75
版次：2020 年 6 月第 1 版	印次：2020 年 6 月北京第 1 次印刷
字数：135 千字	印数：8000 册

ISBN 978-7-5148-5893-8   定价：29.80 元

图书出版质量投诉电话 010-57526069，电子邮箱：cbzlts@ccppg.com.cn